U0660680

破译密码解读

方士娟 编著　丛书主编 周丽霞

地球：深入地球的揭秘

汕头大学出版社

图书在版编目（CIP）数据

地球：深入地球的揭秘 / 方士娟编著. -- 汕头：
汕头大学出版社，2015.3（2020.1重印）
　（学科学魅力大探索 / 周丽霞主编）
　ISBN 978-7-5658-1703-8

Ⅰ．①地… Ⅱ．①方… Ⅲ．①地球－青少年读物
Ⅳ．①P183-49

中国版本图书馆CIP数据核字(2015)第028186号

地球：深入地球的揭秘　　　　　DIQIU：SHENRU DIQIU DE JIEMI

编　　著：方士娟
丛书主编：周丽霞
责任编辑：胡开祥
封面设计：大华文苑
责任技编：黄东生
出版发行：汕头大学出版社
　　　　　广东省汕头市大学路243号汕头大学校园内　邮政编码：515063
电　　话：0754-82904613
印　　刷：三河市燕春印务有限公司
开　　本：700mm×1000mm 1/16
印　　张：7
字　　数：50千字
版　　次：2015年3月第1版
印　　次：2020年1月第2次印刷
定　　价：29.80元
ISBN 978-7-5658-1703-8

前言

　　科学是人类进步的第一推动力，而科学知识的学习则是实现这一推动的必由之路。在新的时代，社会的进步、科技的发展、人们生活水平的不断提高，为我们青少年的科学素质培养提供了新的契机。抓住这个契机，大力推广科学知识，传播科学精神，提高青少年的科学水平，是我们全社会的重要课题。

　　科学教育与学习，能够让广大青少年树立这样一个牢固的信念：科学总是在寻求、发现和了解世界的新现象，研究和掌握新规律，它是创造性的，它又是在不懈地追求真理，需要我们不断地努力探索。在未知的及已知的领域重新发现，才能创造崭新的天地，才能不断推进人类文明向前发展，才能从必然王国走向自由王国。

　　但是，我们生存世界的奥秘，几乎是无穷无尽，从太空到地球，从宇宙到海洋，真是无奇不有，怪事迭起，奥妙无穷，神秘莫测，许许多多的难解之谜简直不可思议，使我们对自己的生命现象和生存环境捉摸不透。破解这些谜团，有助于我们人类社会向更高层次不断迈进。

其实，宇宙世界的丰富多彩与无限魅力就在于那许许多多的难解之谜，使我们不得不密切关注和发出疑问。我们总是不断去认识它、探索它。虽然今天科学技术的发展日新月异，达到了很高程度，但对于那些奥秘还是难以圆满解答。尽管经过许许多多科学先驱不断奋斗，一个个奥秘不断解开，并推进了科学技术大发展，但随之又发现了许多新的奥秘，又不得不向新的问题发起挑战。

　　宇宙世界是无限的，科学探索也是无限的，我们只有不断拓展更加广阔的生存空间，破解更多奥秘现象，才能使之造福于我们人类，人类社会才能不断获得发展。

　　为了普及科学知识，激励广大青少年认识和探索宇宙世界的无穷奥妙，根据最新研究成果，特别编辑了这套《学科学魅力大探索》，主要包括真相研究、破译密码、科学成果、科技历史、地理发现等内容，具有很强系统性、科学性、可读性和新奇性。

　　本套作品知识全面、内容精炼、图文并茂，形象生动，能够培养我们的科学兴趣和爱好，达到普及科学知识的目的，具有很强的可读性、启发性和知识性，是我们广大青少年读者了解科技、增长知识、开阔视野、提高素质、激发探索和启迪智慧的良好科普读物。

目 录

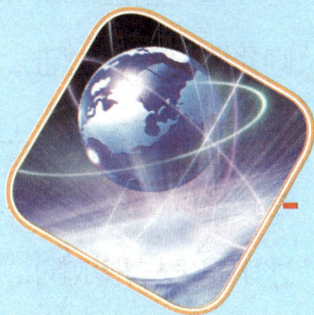

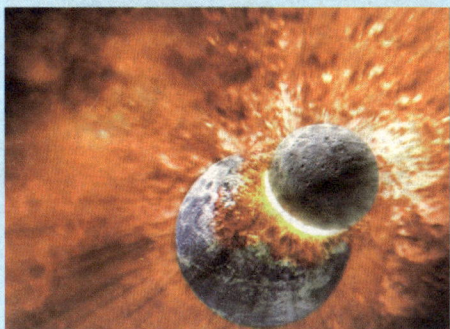

地球的年龄揭秘

早期认识

地球到底有多大年龄，是一直以来让许多人感兴趣的谜。

早在1862年，英国著名的物理学家汤姆森根据地球形成时是一个炽热火球的设想，并考虑了热带岩石中的传导和地面散热的快慢后认为：假如地球上没有其他热的来源，那么地球从早期炽热状态冷却到现在这样，至少不会少于2000万年，最多不会超过4亿年。

科学测定

直至20世纪科学家才发现，用同位素地质测定法测定地球年龄是最佳的方法。科学家运用这种方法测定出岩石中某种现存放射性元素的含量，以及测出经蜕变分裂出来的元素的含量，再根据相应元素放射性蜕变关系，就能够计算出岩石的年龄。

目前，科学家找到的最古老的岩石有38亿岁。然而，也有人认为，38亿岁的岩石是地球在冷却后形成坚硬地壳后遗留下来的，所以它并不是地球的年龄。

科学界的界定

那么地球的年龄到底是多少呢？20世纪60年代以后，人们在广泛测量和分析那些坠落到地球的陨石年龄以后，发现大部分陨石为44亿年至46亿年。20世纪60年代末，美国"阿波罗"探月飞行测取月球表面岩石的年龄，也是44亿年至46亿年。所以，科学家将地球的年龄定为46亿岁。

科学界的争论

但是，对于地球46亿岁的结论还存在各种争论。如我国地质学家李四光认为地球大概在60亿年前开始形成，至45亿年前才成为一个地质实体。前苏联学者施密特根据他的"俘获说"，从尘埃、陨石积成为地球的角度进行计算，结果推测出76亿年的年龄值。然而，多数的结论都是依靠间接证据推测出的。人们至今也

没有发现地球上有超过40亿年以上的岩石。

因此，地球的年龄到底有多大，还有待于做更深入的研究。46亿年这个数字也只是进一步研究的基础。

延 伸 阅 读

科学家们通过放射性元素的衰变对地球和月球的年龄进行测算，不过由于当时的科学技术并未像今天这样发达，所得出的数据也并非完全准确。

地球还会长大吗

地球在缩小还是在增大

见过火山喷发的人都会立刻回忆起浓烟升空、火光冲天、尘埃石屑弥天而降的惊人场面。经科学测定，从地球深处喷射出来的大量物质中含有大量的一氧化碳、甲烷、氨、氢、硫化氢等气体。科学家发现，在惊天动地的地震之后，大气里的甲烷浓度特别高。这些现象说明地球肚子里的气体，乘火山喷发、地震之机

从地壳的裂缝里冲出来，释放到大气之中。

海员们在航海途中，能看到比海啸更可怕的海水鼎沸现象，这种翻江倒海的奇观也是地球放气的结果。根据地球放气的现象和地球深处物质大量外喷的事实，有人认为，地球肚子越来越瘪了，地球的体积自然要缩小了。但是，前苏联科学家公布过数据，地球自生成以来，其半径比原来增长了1/3，理由是各大洋底部在不断扩展。这种扩展是沿着从北极至南极、环绕地球的大洋中部山脊进行的。经查明，太平洋底部的长度和宽度每年扩展速度达到了几厘米。这种扩展由地球深处的大量物质向上涌溢，推动太平洋底部地壳，使地心密度变小，地球的体积就增大了。

地球的转速在变慢还是在变快

珊瑚虫的生长和树木的年轮相似。珊瑚虫一日有一个生长层，夏日的生长层宽，冬日的生长层窄。科学家对珊瑚虫的体壁进行研究，识别出现代珊瑚虫的体壁有365层，正好是一年的天

数。科学家又数了距现在3.6万年前的珊瑚虫化石的年轮，有480层。按此进行推算，13亿年前，一年为507天。说明地球在环绕太阳的公转过程中，其自转的速度正在变慢。

近百年来，科学家在南太平洋中发现了"活化石鹦鹉螺"软体动物。在外壳上有许多细小的生长线，每隔一昼夜出现一条，满30条有一层膜包裹起来，形成一个气室。每个气室内的生长线数正好是如今的一个月天数。古生物学家又从不同的时代地层中的鹦鹉螺化石进行剖析，发现3000万年前，每个气室内有26条生长线；7000万年前有22条；1.8亿万年前有18条；3.1亿万年前有15条；到4.2亿万年前只有9条了。从事研究鹦鹉螺的科学家则认为，随着地球年龄的增加，其自转速度正在加快。

地球的荷重在增加还是在减少

金刚石是在高温高压条件下形成的一种贵重金属，一般都生成在岩浆岩中。前苏联在玻波盖河盆地里，发现了大量的金刚石，这实在是一个不寻常的事件。从而引起了许多地质学家的极大兴趣。经过多年考证，最后证实是陨石撞击在这块盆地时，发生强烈爆炸而形成的结晶矿物。

加拿大有一个萨达旦里镍矿，它是一个38千米范围的巨型矿体，同样是陨石撞破地表后，与地球岩浆熔融共同凝结而成的矿体。据统计，10亿年来，地球遭到陨石撞击产生的坑直径大于1000米的就有100万个之多，每天从宇宙中降落到地球上的陨石和尘埃多达50万吨。由此看来，地球的荷重正在逐年加重。

持相反意见的人则认为，地球上每年发生地震500万次，活火山喷发500余座。每年火山喷发和地震时，地球深处的熔岩、气体大量喷射出来，气体飘入大气层中。还有石油从地层中抽起，煤炭从地下挖出来，被人们燃为灰烬，形成缕缕浓烟升入大气层中。这种大量毁灭地球上的物质变成烟气的结果，使地球的重量逐渐减轻，地球的荷重自然减少了。

地球在变暖还是在变冷

宇宙飞船对金星的探测表明，金星表面的温度可达480摄氏度。究其原因，发现金星的大气中含有大量的二氧化碳，形成一层屏障，使太阳射向金星的热能不易散发到大气层中去，从而使金星的温度日见增高。地球上由于人口剧增，工业发展，森林大量采伐，自然生态遭到破坏，二氧化碳逐年增加，使地球大气的二氧化碳浓度越来越高，类似金星之状。地球上的气温也在逐年增高。仅以日本东京为例，20多年来，东京的平均气温已增高2摄氏度。另外，人造化肥能捕捉红外线辐射，大片积雪的融化，会减弱地球对太阳光的反射。诸如此类的原因也使地球的温度逐年增高。

与上述截然相反的一种观点是"变冷说"。持这种观点的人认为，未来几十年的气候将逐渐变冷。其依据是：虽然二氧化碳在稳定增加，但自20世纪40年代中期开始，北极和近北极的高纬度地区气温明显下降，气候显著变冷。例如，在北大西洋出现了

几十年从未见过的严寒，海水也冻结了。在格陵兰和冰岛之间曾一度连成"冰陆"，让北极熊可以自由来往，成为罕见的奇闻。

有人认为，20世纪60年代的气候变冷是"小冰河期"到来的先兆。从21世纪开始，世界气候将进入冰河时代。

有关地球的种种说法还会继续争论下去，地球之谜何时才能解开，这很难估计。

延 伸 阅 读

人们对地球的认识，经过了相当漫长的过程。早在2000多年前的周朝，就存在着一种"天圆如张盖、地方如棋局"的盖天说，这种学说影响了古代人上千年。

地球为何有伤口

地球上的伤口

在我们生活的地球上，我们往往只欣赏地球山清水秀的完美，却没注意到地球有许多难以愈合的"伤口"。而谁也不知道那些"伤口"是怎样形成的。几万年过去了，至今仍留给我们许多未解之谜。

地球上最大的伤口是东非大裂谷和海底深处的大裂谷。

东非大裂谷

东非大裂谷从北亚的土耳其一直延伸至非洲东南的莫桑比克海岸。裂谷跨越50多个纬度，总长超过6500千米。人们称它是"地球上最大的伤疤"。裂谷底部有些地方深不见底，积水形成40多个条带状或串珠状湖泊群。其中东非坦噶尼喀湖是全球最深的湖泊，水深超过1400米。而在无水的裂谷带，有巨大而狭长的凹槽沟谷，两边是陡峻的悬崖峭壁。

同时裂谷带上活跃着火山带和地震带。在裂谷带的基伍湖下层，还发现至今形成机制还不清楚的甲烷气，储量高达500多亿立方米。20世纪60年代以来，人们在东非高原的裂谷带找到好几个碳酸岩火山，它们自地下深处喷涌出类似碳酸盐岩性质的岩浆来。但碳酸岩的形成原因各说不一。

大裂谷是如何形成的

据地质学家们考察研究认为，大约3000万年以前，由于强烈的地壳断裂运动，使同阿拉伯古陆块分离的大陆漂移运动而形成这个裂谷。

那时候，这一地区的地壳处在大运动时期，整个区域出现抬升现象，地壳下面的地幔物质上升分流，产生巨大的张力。正是在这种张力的作用之下，地壳发生大断裂，从而形成裂谷。由于

抬升运动不断地进行，地壳的断裂不断产生，地下熔岩不断地涌出，渐渐形成了高大的熔岩高原。高原上的火山则变成众多的山峰，而断裂的下陷地带则成为大裂谷的谷底。

东非大裂谷的下陷开始于上新世，断裂运动发生在中新世，大幅度错动时期从上新世一直延续到第四纪。北段形成红海，使阿拉伯半岛与非洲大陆分离；在马达加斯加岛的几条活动裂谷扩张作用下，把非洲大陆分裂开来。

延 伸 阅 读

东非大裂谷还是一座巨型天然蓄水池，非洲大部分湖泊都集中在这里，例如阿贝湖、沙拉湖、图尔卡纳湖、马加迪湖、马拉维湖、坦噶尼喀湖等。这些湖泊呈长条状展开，顺裂谷带成串珠状，成为东非高原上的一大美景。

地球磁场倒转现象

什么是磁场倒转

地球本身是一个大磁场，北磁极在地球南端，南磁极在地球北端。正是这个大磁场吸引着磁针始终指向南方。

但是，在1906年，法国科学家布容在法国对当地火山岩进行考察时，意外地发现那里岩石的磁性与磁场方向是相反的。

此后，这种现象被越来越多的科学家发现。研究表明，地球的磁场并非永恒不变。位于地球南端的北磁极会转到北端去，而位于地球北端的南磁极会转到南端去。这就是物理上的磁极倒转现象。

磁极倒转原因

有人认为，磁极倒转可能是地球被巨大陨石猛烈撞击后导致的结果，因为猛烈撞击能促使地球内部的磁场身不由己地翻转。

也有人认为，这与地球追随太阳在银河系里漫游有关系。因为银河系自身也带有一个磁场，这个更大的磁场会对地球

磁场产生影响，从而促使地球的磁性会像罗盘中的指南针一样，随着银河系磁场的方向而不断变化。

在20世纪60年代至70年代，科学家们进行了大量的古地磁和

航磁测量，结果表明地球磁场的南北极曾多次互换位置。

1989年，在美国巴尔的摩举行的全球气候变化和环境污染国际研讨会上，美国科学家缪拉发表了气候变化导致地磁极倒转的见解，却未能获得大多数研究者的认同。

人们无法否认，地磁极倒转与古气候变化之间有某种程度的联系。但是，在距今三四百万年前正是地球气候比较温暖、比较稳定的时期，地磁极性为什么多次发生变化呢？

地球磁场在消失

地球磁场在逐渐失去自己的威力，专家们指出地球磁通量数

值在过去的200年里大大减小。如按现有的递减速度，那么再过1000年，地球的磁通量将降至零值。

如果研究人员的预测是正确的，那么结果将是灾难性的。强烈的太阳辐射流因为地球磁场的原因才不能抵达大气层。否则就会加热大气层上层，同时引起全球气候的改变，损坏所有位于地球近轨道上的导航和通讯卫星。此外，还会使地球上所有迁移性动物失去定向能力。

磁极变换的争论

地球磁极变换大约每25万年发生一次，最后一次地球磁极变换大约发生在100万年前。

对于目前地球磁极变

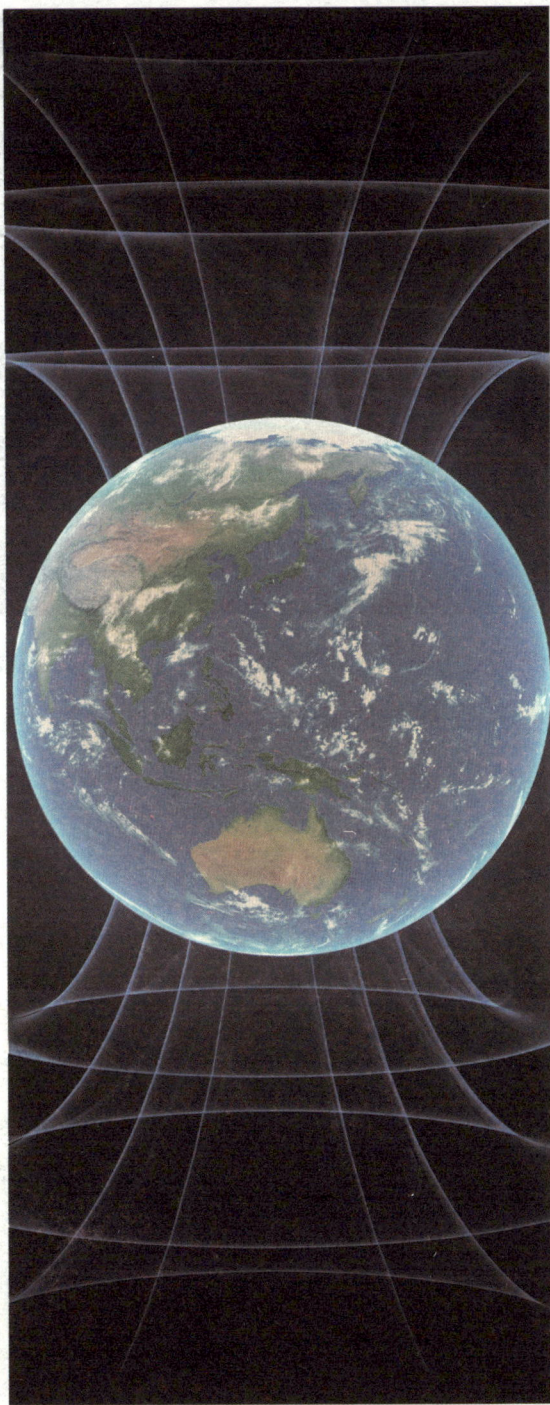

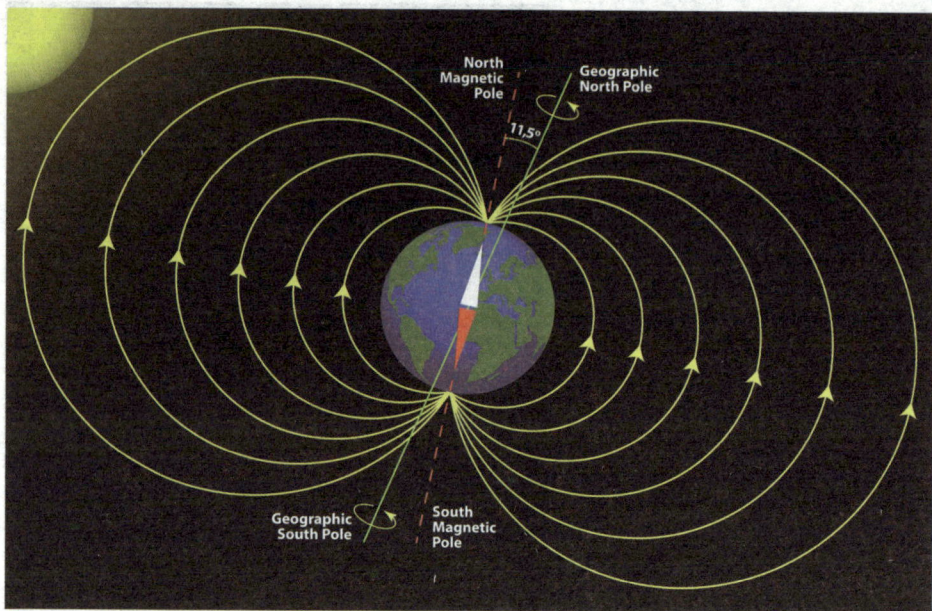

换为何会持续如此长的时间，有一种观点认为，再过几千年，地球将会失去对太阳辐射的防护能力。另一种观点认为，地球磁极变换只需要短短的几周时间。

延 伸 阅 读

地球磁场跟地球引力场一样是一个地球物理场，它是由基本磁场与变化磁场两部分组成的。基本磁场是地磁场的主要部分，起源于地球内部，比较稳定，变化非常缓慢。变化磁场包括地磁场的各种短期变化，与电离层的变化和太阳活动等有关，并且很微弱。

地球"皱纹"现象

地球"皱纹"现象

有许多绵延起伏、高大雄伟的山脉，它们像地球脸上的"皱纹"，被称为褶皱山脉。

地质学上把岩层受到水平方向上力的挤压而发生波状弯曲，

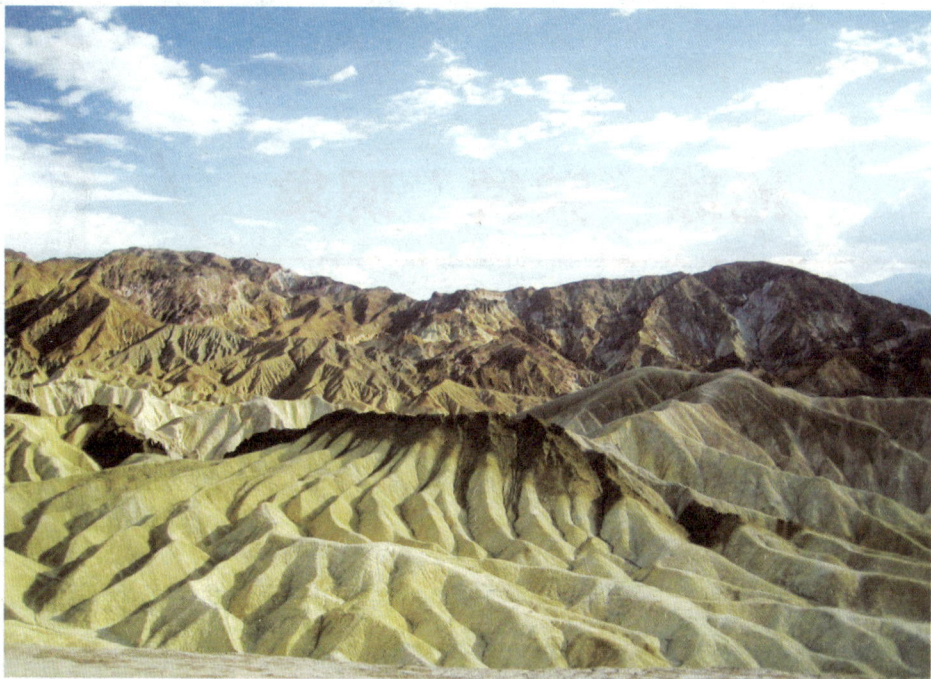

但又未失去连续性和完整性的现象，称为褶皱现象。它是由于地壳在一定条件下发生扭曲造成的。

褶皱有多种表现形式，最基本的表现形式是背斜褶皱和向斜褶皱两种。

向斜褶皱是指岩层"大波纹"中向下弯曲的部分。向斜中间部分的岩层时代较新，两侧愈变愈老。背斜褶皱是指岩层"大波纹"中向上隆起的部分。背斜中间部分的岩层时代较老，两侧愈变愈新。

在一般情况下，背斜形成山峰，向斜形成谷地，有时则相反。因为褶皱形成后，假如地壳又经历剧烈动荡，这些褶皱会再次受到挤压，以至于倒置，向斜被抬升，背斜被降低，因此出现十分复杂的地质情况。

褶皱构造山结构

褶皱构造山可以按构造成因分为：静态褶皱构造山地和动态褶皱构造山地。

静态褶皱构造山地是指背斜或向斜构造受外力侵蚀作用后形成的山地。由于侵蚀作用的增强与时间长短的区别又可分为：顺地貌、逆地貌与再顺地貌。原生构造地貌未完全破坏，地貌形态与构造一致的称为顺地貌。原生构造地貌基本被破坏，地貌形态与构造不一致的称为逆地貌。逆地貌面经侵蚀破坏，使地貌形态再一次与构造一致的称为再顺地貌。

逆地貌类型主要有：发育于单斜构造上的单面山，发育于背斜轴部或节理较发育处的背斜谷，发育于向斜构造上的向斜山。

动态褶皱构造山地是指新生代以后的新构造活动形成的隆起

或凹陷构造形成的山地地貌。多是在水平挤压力的作用下，地表褶皱隆起而形成的山地。如我国西部的一系列横向山地，板块碰撞是其动力作用的基础。

延 伸 阅 读

　　褶皱构造山地常呈弧形分布，延伸数百千米以上。山地的形成和排列都与受力作用方式关系密切。某一方向的水平挤压作用，使弧形顶部向前进方向突出。因而在褶皱构造山的外侧形成剪切断层。

探寻地球光环

早期发现的光环

17世纪，科学家伽利略首先从天文望远镜里，看到土星周围闪耀着一个明亮的光环。

数百年过去，人们用天文望远镜观察着太阳系的其他行星，

再无意外发现。所以长期以来，人们一直认为土星是太阳系中唯一带有光环的行星。

光环的新发现

1977年3月10日，美国、中国、澳大利亚、印度、南非等国的航天飞行器，在对天王星掩蔽恒星的天象观测中发现了奇迹。他们看到天王星上，也有一个闪亮的光环！这一发现打破了学术界的沉默，在世界上掀起了一阵光环热，各国派出越来越多的航天飞行器去太空探秘。

1979年3月，美国的行星探测器"旅行者1号"，飞到距木星120万千米的高空，发现木星周围也有一个闪亮的光环。同年9月，"先驱者11号"在土星周围又新发现两个光环，土星周围已经是三环相绕了。

地球曾有过光环吗

面对太阳系中其他大行星光环的相继发现，科学家们首先提出"地球上曾经有过光环"的大胆设想。

他们认为地球和其他行星一样，同在太阳系中，绕太阳运

转，应该也有光环。

这些科学家在地球上找到了许多地外物质，他们推测这些物质可能就是地球光环的遗骸。

延 伸 阅 读

太阳的光线可能像一股股涓涓细流打在什么东西上，就对什么东西产生压力。在没有摩擦力的空间环境里，它在几百万年的时间里，足以把光环里的粒子吹离地球的轨道。如果月球火山还保持活动的话，地球将来还会再度形成光环。

球状闪电之谜

球状闪电之谜

1752年，美国的富兰克林在雷雨交加的荒野上做了一个著名的风筝实验，从而破除了上帝点火的迷信。

球状闪电俗称滚，它是自然界中的一种奇异现象。这种明亮

而无声的火球，会在空气中慢慢地飘过，能持续几秒钟的时间。有时，它能穿过玻璃窗；有时，它可以飘进建筑物内；有时，它还会进入飞机舱内；有时，它可以在导线上滑动，遇人遇物后立即发生爆裂，造成伤亡、火灾等事故。

球状闪电的组成

人们注意到，每当球状闪电消失以后，往往会出现带有强烈的清新气味的浅褐色的烟雾。经过研究发现，浅褐色的烟雾可能是二氧化氮，而有清新气味的可能是臭氧。

1965年，前苏联的大气物理学家德米特里耶夫采集了球状闪电所经过地方的空气样品，然后在实验室里对这些空气样品进行分析。实验结果表明，样品中臭氧和二氧化氮的含量大大超过了正常值。通过对烟雾、气味定量分析，结果表明在球状闪电内部很可能进行着某些化学反应。但到底是哪些化学反应，还没完全搞清楚。球状闪电的发光时间为何那么长，发光的机理又是什么，以及球状闪电的能量从哪里来等一系列的问题科学家们至今无法解答。

球状闪电的研究

人们至今尚未在实验室中制造出真正的球状闪电，虽然已模拟出了极微型又短命的球状闪电。事实上，所有的理论在球状闪电的复杂多变性面前都显得那么单薄。一个真正的球状闪电理论应说明所有的现象，包括没有雷暴的情况和球状闪电持续时间长，及球状闪电大如房屋的情形。而要说清这一切需要更强大的理论。

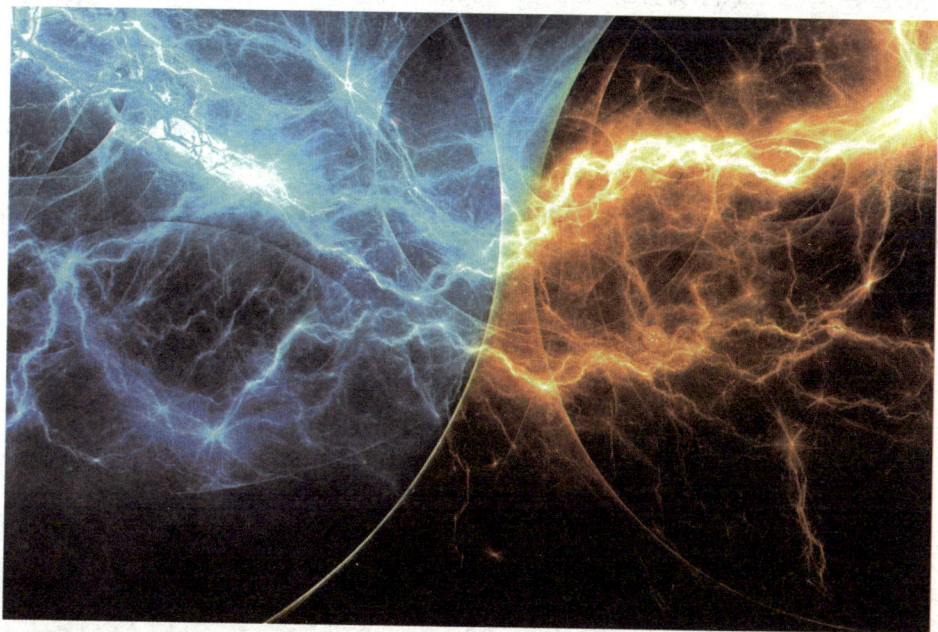

有人认为，更有说服力的解释，应是接近冷聚反应领域，与等离子体现象相关的理论。更有人提出球状闪电和龙卷风一样，都是等离子团的现象。还有人设想，最佳的理论可能是把电磁学、电学和等离子及纳米理论综合起来解答。

延 伸 阅 读

球状闪电包含了很多秘密。一旦了解了它的本质，对我们人类的生活将会有深远的影响。或许，我们不仅能找到人体自焚和通古斯大爆炸的元凶，而且更能由此找到高效、清洁的新能源。

地球重力偷鱼

偷鱼的故事

1911年4月，利比里亚商人哈桑在挪威买了12000吨鲜鱼，运回利比里亚首府后，一过秤，鱼竟一下少了47吨！哈桑回想购鱼时他是亲眼看着鱼老板过秤的，一点儿也没少秤啊！归途上平平安安，无人动过鱼。

那么这47吨鱼的重量上哪儿去了呢？哈桑百思不得其解。后来，这桩奇案终于大白于天下，原来是地球的重力偷走了鱼。

地球的重力

在我们考虑重力变化所产生的影响之前，首先要理解什么是重力。重力实际上是两个原子之间的引力。地球的引力之所以恒定不变，那是因为地球的质量几乎从未变化。要使地球重力突然变化的唯一方法就是改变地球的质量。

地球质量的变化足以引起重力变化的情况，从来不可能轻易发生。地球本身有相当大的质量，所以也会对地球周围任何物体产生引力。

拿一个杯子举例，地球随时对杯子产生引力，杯子也对地球产生引力。地球的质量太大了，对杯子的引力也就非常大，所以就把杯子吸引过去了。

重力不等于地球对物体的引力，由于地球本身的自转，除了两极以外，地面上其他地点的物体都随着地球一起围绕地轴做匀速圆周运动。

这就需要有垂直指向地轴的向心力，这个向心力只能由地球对物体的引力来提供。

鱼减少的原因

地球重力是指地球引力与地球离心力的合力。地球的重力值会随地球纬度的增加而增加，赤道处最小，两极最大。

同一个物体若在两极重190千克，拿到赤道，就会减少1000克。因为挪威所处纬度高，靠近北极，利比里亚的纬度低，靠近赤道，地球的重力值也随之减少。

　　哈桑的鱼丢失了分量，就是由不同地区的重力差异造成的。造成这种差异的原因正在研究之中。2002年发射的双子卫星就对地球的重力场进行了详细测量，这有可能帮助科学家尽快找到这种引力差距的原因。

延 伸 阅 读

　　离心力是指由于物体旋转而产生脱离旋转中心的力，也指在旋转参照系中的具体数据。它使物体离开旋转轴沿半径方向向外偏离，数值等于向心加速度，但方向相反。

向北漂移的次大陆

南亚次大陆

南亚次大陆，又称印度次大陆，是喜马拉雅山脉以南的一大片半岛形成的陆地，它是亚洲大陆的南延部分，大体位于北纬8度至37度与东经61度至97度之间，由于受喜马拉雅山的阻隔，形成

了一个相对独立的地理单元，总面积约为430万平方千米，人口约为13亿人。南亚次大陆的国家大多位于印度板块，也有一些位于南亚。其中，印度与印度河以东的巴基斯坦、孟加拉、尼泊尔和不丹位于大陆的地壳之上，岛国斯里兰卡位于大陆架之上，岛国马尔代夫位于海洋地壳之上。

地理情况

南亚次大陆北有喜马拉雅山和喀喇昆仑山的耸峙，南有阿拉伯海和孟加拉湾的限制，西有伊朗高原的阻隔，东有印、孟、缅边境的层峦叠嶂，自成单元的天然态势非常明显。在人文地理上，这里长期经历着相当封闭的历史发展进程，因此具有显著的独立性。南亚大陆面积比一般大陆要小，这就是"南亚次大陆"这一名称的由来。

南亚次大陆北部是喜马拉雅山脉南侧的山地，南部是德干高原，在山地和高原之间，是广阔的印度河及恒河平原。

这里气候以热带季风气候为主，除北部山区外，各地年平均气温在24摄氏度至27摄氏度之间，大部分地区年降水量为1000毫米至2000毫米。

次大陆的来历

在20世纪50年代，英国的布莱克特等人在德干高原玄武岩的微弱古地磁痕迹中进行了古代地球磁场的考察，他们确信在两亿年前的侏罗纪时期，印度次大陆位于南纬40度附近。而恰恰在两亿多年前的漫长的寒冷岁月中，此时南北两半球的大陆冰川还覆盖在南北纬40度以上的中高纬地区。

德干高原南部的古冰川之谜得到了科学的圆满解释，人们对

次大陆的来历也有了清晰的认识。原来在两亿多年前，印度半岛、澳大利亚、非洲的南半部与南极洲是连在一起的一块古老的大陆。后来地球内部的巨大力量无情地撕裂了这块古陆，使它的"碎片"各奔东西，其中原始的南亚次大陆诞生了。

延 伸 阅 读

次大陆是指在一块大陆中相对独立的较小的组成部分。地理意义上的次大陆一般由山脉、沙漠、高原以及海洋等组成。在英语中，此类意义的次大陆是用来特指印度次大陆。印度次大陆是地理上对喜马拉雅山以南的亚欧大陆的南延部分的叫法，也称作南亚次大陆。

未知的南方大陆

"孤独者幸福"号的寻找

　　1687年，著名的英国大海盗爱德华·戴维斯奉英国女皇的命令，驾驶着"孤独者幸福"号三桅巡洋舰，前往南太平洋寻找未

知的南方大陆。在南纬12度30分，距南美海岸150海里处，"孤独者幸福"号突然剧烈地震荡起来。轮船震荡，是因为当时美洲大陆的秘鲁沿岸发生了大地震，引起海面剧烈震荡。爱德华·戴维斯赶快驾驶着他的"孤独者幸福"号向西南驶去。

有一天凌晨，离天亮还有两个小时，"孤独者幸福"号突然触到了低低的海岸，熟睡的船员们被震耳欲聋的响声惊醒，展现在船员们面前的却是一片陆地。同行的戴维斯和胡安都声称他们发现了"未知的南方大陆"，但人们都不相信。

寻找时期

南方大陆的发现是继哥伦布之后第二个地理大发现。欧洲人在南太平洋历时两个半世纪的探险，大致可分为三个时期。第一时期：1519年至1607年间，是葡萄牙和西班牙探险时期，他们一无所获；第二时期：16世纪至17世纪中期，这是荷兰人探险时期，他们虽曾到过澳大利亚的东、西、南海岸，但中途无功而返；第三时期是英国人探险时期。进入18世纪后，人们对未知大陆的探索也越来越深入。

南方大陆之谜

被称作南方大陆的区域实际是由5个巨大岛屿所构成的，这里气候温和、雨水充沛，到处是一片生机盎然的景象。而这里的地形与其他地方相比并没有什么不同。高山、峡谷、河流与平原将大陆分

隔为颜色不同的区域，也为那些深入内地的探险者们提供了一个个巧夺天工的奇景。虽然有着这么得天独厚的环境，可是这几个巨大的岛屿上却没有任何土著居民，不过这片看似普通的土地也丝毫无愧神秘大陆的称号，正是因为南方大陆罕有人至。

延 伸 阅 读

詹姆斯·库克1728年出生在英国北部的一个村庄。10多岁时他第一次随船出海。他于1775年加入皇家海军，此后成为了一名航海和制图专家。他给大洋，特别是太平洋的地理学知识增添了新的内容。

岩石形成的奥秘

"水成派"

18世纪中期，地质学开始由思辨诉诸经验与观察。英国地质学会甚至将"收集实证材料而不急于构建理论"作为学会的宗旨。在这种注重实证的学术背景下，地质学出现了以德国地质学家维尔纳为代表的"水成说学派"和以英国地质学家赫顿为代表的火成说学派。

维尔纳于1791年系统地阐述了水成说理论。他认为，在地球

生成的初期，表面被原始海洋所掩盖，溶解在其中的矿物质通过结晶，逐渐形成了岩层。维尔纳并不否定热力的作用，但他认为地下的热，如火山，是煤的燃烧引起的，只是一种较晚的、辅助性的地质力量。人们称他的观点为"水成派"。

"火成派"

以英国地质学家赫顿为代表的一些科学家们提出与"水成派"针锋相对的观点，即用自然过程来解释地球的历史，并在1795年系统论述了火成说理论。他们认为花岗岩等岩石不可能是在水里产生的，而是与地下的岩浆作用有关，是由高温的岩浆冷却结晶而成。

赫顿并不完全否定水的作用，但他认为河水只是把风化了的岩石碎屑冲到海里才逐渐积累，形成石砾、沙土和泥土。赫顿认为地球既没有开始，也没有结束，同时他还认为维尔纳的原始海洋的观点没有根据。

水火之争

由于赫顿的地球永恒性观点违反了传统宗教观念，因此"水成说"在初始时占据了上风，英国地质学会的大部分会员也赞成维尔纳的观点。但由于"火成说"不断得到观察和实验的证实、补充，人们开始转而支持"火成说"。

在争论的过程中，各学派倾向于用各自观察到的经验证据来支持自己的地质理论。

最后，在英国爱丁堡召开的一次国际学术会议中，这两个学派在附近的火山脚下，对那里的地层结构成因展开了激烈的现场辩论。

由于两派都以偏概全，只相信自己，导致了双方互相攻击和谩骂，最后竟然拳打脚踢，演出了科学史上少有的科学家用武力解决学术问题的闹剧。"水成派"与"火成派"一直争论了几十

年，史称"水火之争"。

直至1830年，英国自然科学家莱伊尔将岩石分为水成岩类、火山岩类、深成岩类和变质岩类，其中深成岩类包括花岗岩和片麻岩类。至此，水火之争才告一段落。

延 伸 阅 读

岩浆岩是由高温熔融的岩浆在地表或地下冷凝所形成的岩石，也称火成岩；沉积岩是在地表条件下由风化作用、生物作用和火山作用的产物经水、空气和冰川等外力的迁移、沉积和成岩固结而形成的岩石。

冰川是怎样形成的

冰川形成的原因

冰川是水的一种存在形式，是雪经过一系列变化转变而来的。要形成冰川首先要有一定数量的固态降水，其中包括雪、雾、雹等。没有足够的固态降水作为原料就等于无米之炊，根本形不成冰川。冰川存在于极寒之地，地球上南极和北极是终年严寒的，在其他地区只有高海拔的山上才能形成冰川。人们知道，越往高处温度越低，当海拔超过一定高度时，温度就会降至零度以下，降落的固态降水才能常年存在。这一海拔高度被冰川学家

称为雪线。

在南极和北极圈内的格陵兰岛上，冰川是发育在一片大陆上的，所以称之为大陆冰川。而在其他地区冰川只能发育在高山上，所以称这种冰川为山岳冰川。

在高山上，冰川能够发育，除了要求有一定的海拔外，还要求高山不要过于陡峭。如果山峰过于陡峭，降落的雪就会顺坡而下形不成积雪，也就谈不上形成冰川了。

雪花一落到地上就会发生变化，随着外界条件和时间的变化，雪花会变成完全丧失晶体特征的圆球状雪，称之为粒雪，这种雪就是冰川的原料。

积雪变成粒雪后，随着时间的推移，粒雪的硬度和它们之间的紧密度不断增加，大大小小的粒雪相互挤压，紧密地镶嵌在一起，其间的孔隙不断缩小，以致消失，雪层的亮度和透明度逐渐减弱，一些空气也被封闭在里面。

当粒雪密度达到0.5克/厘米～0.6克/厘米时，粒雪变化过程变得缓慢。在自重的作用下，粒雪进一步密实或由融水渗浸再冻结时，晶粒改变其大小和形态，出现定向增长。当其密度达到0.84克/厘米时，晶粒间失去透气性和透水性，这样就形成了冰川冰。

冰川冰最初形成时是乳白色的，经过漫长的岁月，冰川冰变得更加致密坚硬，里面的气泡也逐渐减少，慢慢地变成晶莹透彻带有蓝色的水晶一样的冰川冰。冰川冰在重力作用下，沿着山坡慢慢流下，逐渐凝固就形成了冰川。

冰川的种类

冰川依据其形态、规模和所处的地形条件，可分为下列三种

类型。

大陆冰川，也称冰层，为规模广大的冰川，大陆或高原区所有的高山、低谷以及平原全部受到覆盖。中央部位较高，冰自中央向周围任何方向移动，不经融化而直接入海，因其覆盖整个陆地再由陆地边缘直接入海，故称大陆冰川。

山谷冰川，它发生于高山或雪线以上的雪原中，由冰川主流和它的分支流组成整个高山冰川系统。当冰层沿山谷向下移动，过雪线继续向下移，其流动情形与河流相似，故称为山谷冰川。

山麓冰川，当山谷冰川从山地流出谷口抵达平坦地区，冰向平面展开，在山麓地带扩展或汇合成一片广阔的平原，称为山麓冰川。

冰川在世界两极和两极至赤道带的高山均有分布，地球上陆地面积的1/10都为冰川所覆盖，而人类需要的淡水资源80%就储存于冰川之中。现代冰川在世界各地几乎所有纬度上都有分布。

地球上的冰川有2900多万平方千米，覆盖着大陆10%的面积。冰川冰储水量虽然占地球总水量的2%，储藏着全球淡水量的绝大部分，但可以直接利用的却很少。

现代冰川面积的97%、冰量的99%为南极大陆和格陵兰两大冰盖所占有，特别是南极大陆冰盖面积达到1398万平方千米，最大冰厚度超过4000米，冰从冰盖中央向四周流动，最后流到海洋中崩解。

我国冰川面积占世界山地冰川总面积的14.5%，是中、低纬度冰川发育最多的国家。其中西藏的冰川数量多达20000多条，面积近30000平方千米。我国冰川山脉山体巨大，为冰川发育提供了广阔的积累空间和有利于冰川发育的有利条件。

冰川消退

全球气候的小幅度波动虽然并不为人明显发觉，但对于冰川来说则有显著的影响。气温的轻微上升都会使高山冰川的雪线上移，海洋冰川范围缩小。长期观察表明，这一现象是存在的。根

据海温和山地冰川的观测分析，估计由于近百年的海温变暖，造成海平面上升量为0.02米至0.06米。其中格陵兰冰盖的融化，已经使全球海平面上升了约0.025米。全球冰川体积平衡的变化，对地球液态水量的变化起着决定性的作用。如果南极及其他地区的冰盖全部融化，地球上绝大部分人类将失去立足之地。

延 伸 阅 读

冰川是在一些高山地区或是在两极地区经常见到的那一层雪白无瑕的"外衣"。冰川的流动速度极慢，每昼夜一般只能移动1米，个别流速快的冰川能流动20多米。冰川的流动速度随冰川厚度增加、坡度增大、气温升高而加快。

冰川期成因之谜

冰期对全球的影响

大面积冰盖的存在改变了地表水体的分布。晚新生代大冰期时，水圈水分大量聚集于陆地，而使全球海平面大约下降了100米。

如果现今的地表冰体全部融化，则全球海平面将会上升80米至90米，世界上众多大城市和低地将被淹没。

冰期时的大冰盖厚度达数千米，使地壳的局部承受着巨大压力而缓慢下降，有的被压降100米至200米，南极大陆的基底就被降于海平面以下。

北欧随着第四纪冰盖的消失，地壳则缓慢在上升。这种地壳均衡运动至今仍在继续着。冰期改变了全球气候带的分布，大量喜暖性动植物物种灭绝。

"天文学成因说"

"天文学成因说"是考虑太阳和其他行星与地球间的相互关系。太阳光度的周期变化影响着地球的气候。太阳光度处于弱变化时，辐射量减少，地球变冷，乃至出现冰期气候，有利于冰川的生成。

"地球物理学成因说"

"地球物理学成因说"影响因素较多，有大气物理方面的，也有地理地质方面的。频繁的火山活动等使大气层饱含着火山灰，透明度低减少了太阳辐射量，导致地球变冷。

延 伸 阅 读

地球目前正处于第四纪大冰期的后期。最近一次冰川广布的情况是在10000多年前结束的。此后，气候总的来说在逐渐变暖，冰川逐渐消融，规模变小，现在冰川的面积只占陆地面积的10%。

沙漠开花之谜

沙漠开花现象

在秘鲁南北狭长，宽度仅30千米至130千米的滨海区，地面广泛分布着流动的沙丘，属于热带沙漠气候，该地区年平均气温超过25摄氏度，年降水量不足50毫米，南部低于25毫米，气候炎热干旱。

但有的年份降水量突然成倍增长，使沙漠中会长出较茂盛的植物，能开花结果。这种现象被称为"沙漠开花"。

沙漠为什么会开花

海洋气象学家认为，沙漠开花与厄尔尼诺现象的出现密切相关。所谓的厄尔尼诺，是西班牙语"圣婴"的意思，因为它每隔2年至7年发生一次，但每次都发生在圣诞节前后，所以美洲人给它取了个原意不错的名字——"圣婴"。

正常情况下，热带太平洋区域的季风洋流是从美洲走向亚洲，使太平洋表面保持温暖，给一些岛屿国家周围带来热带降雨。但这种模式每2年至7年就会被打乱一次，使风向和洋流发生逆转，太平洋表层的热流会转而向东走向美洲，随之便带走了热带降雨。

厄尔尼诺的全过程分为发生期、发展期、维持期和衰减期4个时期，历时一般一年左右，大气的变化滞后于海水温度的变化。这种现象给人类带来了一系列的灾难。

厄尔尼诺一旦发生，一般要持续几个月，甚至一年以上。它除了使秘鲁沿海气候出现异常增温多雨以外，还使澳大利亚丛林因干旱和炎热而不断起火；北美洲大陆热浪和暴风雪竞相发生；夏威夷遭热带风暴袭击；非洲会大面积发生土壤龟裂；欧洲会产生洪涝灾害。1982年至1983年，发生了一次严重的厄尔尼诺现象，它使全世界经济损失高达80亿美元。

厄尔尼诺是怎么发生的

在赤道南北两侧，由于常年受到东南信风和东北信风的吹拂，形成了两股自东向西的洋流。从太平洋东部流出的海水靠下层海水上涌补充。

由于下层海水较冷，因此太平洋海面的水温呈现出西部高东部低的"翘板"。

从东向西流去的两股赤道洋流在到达大洋彼岸后，有一部分

形成反向的逆流，再横越太平洋向东流去，这股暖性的逆流叫赤道逆流。

但是，有的年份由于南半球的东南信风突然变弱，使得南赤道洋流也变弱，太平洋东部上升的冷水减少，而更多的暖水随赤道逆流涌向太平洋东部。

这样，太平洋海面的水温的翘板就变成东部高西部低了。

然而，厄尔尼诺的发生机制还是一个谜，产生这种现象的原因还不清楚。

最后，美国夏威夷大学的地震学家沃克指出，自1964年以来，5次厄尔尼诺现象的发生时间都与地球的两个移动板块之间的边界上发生地震这一周期现象密切吻合。

但它们之间有没有因果关系，还有待于进一步的探讨。还有

的科学家提出厄尔尼诺与一种叫南部振荡的全球性气候变化体系有关，从而影响了南半球的信风强弱。

我国科学家提出的假设

我国科学家提出了一种假设，认为厄尔尼诺现象可能与地球自转速度变化有关。

他们对照了20世纪50年代以后地球自转速度变化的资料发现，只要地球自转年变量迅速减慢持续两年，而且数值较大，就会发生厄尔尼诺现象。

由于地球自转减慢，跟随地球一起运动的海水和大气在惯性作用下，会产生一个向东的相对速度，这个速度在赤道附近最大。据计算，可以使赤道附近的海水和大气获得每秒0.005米的相对速度，使得原来自西向东的赤道洋流和信风减弱，导致太平洋东西岸水温的变化。

目前对厄尔尼诺现象的研究已使用气象卫星、海洋调查船、浮标机器人等先进科学手段。还有一些科学家已转向地质研究，即从一些沿海河口淤泥堆积现象来分析在遥远的过去所发生的厄尔尼诺现象遗迹。

延 伸 阅 读

1985年和1986年的冬季，中国和美国两国科学家联合进行了热带海洋综合考察，发现西太平洋热带海域中有大范围异常水温现象，初步判定厄尔尼诺现象已经形成。这是科学家们对厄尔尼诺现象的第一次预报。

撒哈拉绿洲之谜

撒哈拉沙漠概况

撒哈拉大沙漠在非洲的北部，西起大西洋，东至红海海边，纵横于大西洋沿至尼罗河河畔的广大非洲地区，总面积大约有800万平方千米。撒哈拉大沙漠由许多大大小小的沙漠组成，平均高度在200米至300米之间，中部是高原山地。它的大部分地区的年

降水量还不到100毫米，气温最高的时候可以达到58摄氏度。

难道撒哈拉大沙漠从古至今一直是这样吗？经过人们艰苦探索，终于证明撒哈拉大沙漠地区远在公元前6000年至公元前3000年的远古时期，是一片绿色平原。那些早期居民们曾经在这片绿洲上，创造出了非洲最古老和值得骄傲的灿烂文化。那么撒哈拉大沙漠的"绿洲之谜"到底是怎么回事呢？

意外发现岩画

19世纪中叶，德国一位叫巴尔斯的探险家在阿尔及利亚东部的恩阿哲尔高原地区曾意外发现有犀牛、河马和一些在水里生活的动物岩画。他还惊奇地发现，在这些岩画里边竟然没有骆驼这种动物。巴尔斯很兴奋，因为只有有沙漠的地方，才会有骆驼！只有有水和草的草原上，才会有犀牛、河马。

撒哈拉大沙漠里的岩画上没有骆驼，这就说明这里在远古的时代一定是有水、有草的大草原，绝不会像现在这样到处都是沙丘和流沙。

撒哈拉的草原时代

那么，这些壁画是什么年代创作出来的呢？亨利·诺特等人用碳−14的测定年代方法表明，这些壁画是在公元前5400年至公元前2500年之间创作出来的。

亨利·诺特等人还发现，这些壁画是用不同的风格在不同的年代刻画在岩壁上的，所以显得重重叠叠的。这些都说明，那时候撒哈拉地区的人们已经在这里生活了好几千年了。这就是说，那时候的撒哈拉地区正处在有水、有草、人兴畜旺的草原时代。

撒哈拉是如何形成的

科学家们发现，大约在公元前3000年以后的撒哈拉壁画里边，那些河马和犀牛的形象开始逐渐消失了。同时说明，那时候的撒哈拉地区的自然条件正在发生变化。

至公元前100年的时候，撒哈拉地区所有的壁画几乎快要没有了，撒哈拉地区的史前文明也就开始彻底衰落了。科学家们经过分析和研究估计，这也许是由于那时候的水源开始干涸了，气候开始变得特别干旱了，要不就是发生了饥荒和疾病。科学家们经过研究和分析认为，撒哈拉地区的草原逐渐变成沙漠大概经历了这么一个过程：先是气候发生突然的变化，下的雨迅速减少，一部分雨水落到干旱的土地上以后，很快就被火辣辣的太阳晒干了；另一部分雨水流进了内陆盆地，可是由于雨水量不多，也就滞留在了这里，盆地增高以后这些水开始向四周泛滥，慢慢形成了沼泽。

经过一年又一年的变化，沼泽里的水分在太阳的照射下慢慢变干了，这样就慢慢形成了沙丘。这时候，撒哈拉地区的气候变化得更加恶劣了，风沙也越来越猛烈。生活在这里的人们不仅不知道保护自己的生存环境，还一个劲儿地砍伐树木，没有节制地放牧，撒哈拉地区也就慢慢变成了沙漠地带。

经过科学家们测定，山洞里边的骆驼形象大约是在公元前200年出现的。也就是至少在公元前200年的时候，撒哈拉变成了一片茫茫的沙漠。

山洞里的岩画之谜

经过科学家们艰苦的探索，撒哈拉地区的绿洲之谜总算初步揭开了。科学家们看着这些撒哈拉大沙漠里的岩画，不由得产生了一个疑问：史前时期生活在撒哈拉地区的人们刻画了那么多的岩画，可是他们是用什么办法来刻画的呢？

有的科学家说阿尔及利亚的恩阿哲尔高原的一种岩石叫路石色页岩，能画出红、黄、绿等一些颜色来，而且色彩十分艳丽。而且科学家们曾经在那些山洞里边发现了一个调色板，就是用这种页岩制作的。这个调色板上还残留着一些储石页岩的颜料。在这个调色板旁边，科学家们又发现了一些小石砚和磨石这样的调色工具。所以生活在撒哈拉地区史前时期的人们也许是先用一种特别锐利的石头，在岩壁上刻出野生动物和人物的形象轮廓来，然后，再把储石页岩做成的颜料涂抹上去。可撒哈拉地区山洞里的那些岩画经历了好几千年，岩画上的颜色为什么没有褪色，还是那样艳丽呢？这个问题一直到现在也没有被解开，成为又一个难解之谜。

延 伸 阅 读

在撒哈拉大沙漠中，很难看到一些水草丰盈的地方，被人们称作"沙漠中的绿洲"。所以，"撒哈拉"一词在阿拉伯语中是"大荒漠"的意思，这个词语非常形象地说明了撒哈拉大沙漠是多么地荒凉。

沙漠的秘密陷阱

有颜色的沙漠

彩色沙漠。美国科罗拉多河大峡谷东岸的亚利桑那沙漠，是世界罕见的彩色沙漠之一，面积13000平方千米。

整个沙漠呈粉红、金黄、紫红、蓝、白、紫等色，好像盛着宝石的大盘子，令人眼花缭乱。

红色沙漠。辛普森的红色沙漠位于澳大利亚中心，面积14.5万平方千米。

整个沙漠由一列列平行的沙脊组成，远远望去犹如大海的波涛。沙漠呈红色，绮丽无比。

黑色沙漠。土库曼斯坦的卡拉库姆沙漠，位于里海和阿姆河之间，面积350000平方千米。

整个沙漠一片棕黑色，远远看去犹如一块奇大无比的黑布。

白色沙漠。美国新墨西哥州有个路索罗盆地，这里白沙浩瀚，是一片银白的世界。

原来该地区的沙是由砂石膏晶体的微粒组成的。有趣的是，这里的老鼠、蜥蜴和几种昆虫也都是白色的。

恐怖的沙漠

1945年4月间，对纳粹德国的最后合围在即，一队西方盟军的辎重车路经德国威玛市驶向前方。驾驶第一辆车的是上等兵钟纳斯。为了如期赶到前线，他正聚精会神地操控着方向盘。

突然，一阵呼啸声，接着"轰"的一声，一枚炸弹在他们车队的前方爆炸。"啊！不好。"钟纳斯意识到已遭敌人袭击。他立即转动方向盘，冲向公路旁的一处像是长了草的沙滩。

就在这时，他忽然觉得车身向一侧倾斜。他伸手推门，想看个究竟。但门却已经打不开了。

他探头到窗外查看，不禁大吃一惊，原来卡车像下沉的船似的，正在慢慢地往沙里陷，沙子已经淹没了半截车门。钟纳斯连忙从车窗攀上车顶。

几分钟以后，沙子已淹没到挡风玻璃处。钟纳斯听到沙地里发出"嘶、嘶"的吸吮声，就像有人在喝汤一样。瞬息间，流沙已淹到了驾驶室顶盖，他连忙爬上盖着帆布的货堆，但沙子仍旧不停地向着他慢慢涌来。

看到已经无处可逃了，他决定孤注一掷，使尽浑身力气，向

着公路纵身一跃。落地时他虽双膝陷到沙里，但幸好身躯向前倾倒，慌乱中，他抓住了公路旁的野草。

这些草是长在结实的地面上的，这真是抓到了救命"稻草"。

在草的帮助下，他终于挣扎着爬出了这恐怖的陷阱。当他定下神来，再回头看他的汽车时，已是踪影全无。

流沙到底是什么

流沙是大自然所设计出的最巧妙的机关，它可能藏在河滨海岸甚至邻家后院，静静地等待人们靠近，让人进退两难。

在1692年的时候，牙买加的罗伊尔港口就曾发生过因地震导致土壤液化而形成流沙，最后造成这个城市2000人丧生的惨剧。

但是，大多数人往往都没见过流沙，更没有亲眼目睹别人掉进流沙或者亲身经历过。

人们对于流沙的印象主要基于各种影片，在电影塑造的场景

中，流沙是一个能把人吸入无底洞的大怪物。

一旦人们身陷其中，往往不能自拔，同伴只能眼睁睁地看着受困者顷刻间被可怕的沙子吞噬。

科学家对流沙的研究

荷兰阿姆斯特丹大学柏恩领导的科研人员，经过反复实验后发现，要把沙子变得像太妃糖一样黏，需要好几天的时间。但要让它失去黏性则很容易，只要在其表面施加适当的压力即可。

一旦流沙表面受到运动的干扰，就会迅速液化，表层的沙子会变得松松软软，浅层的沙子也会很快往下跑。

研究还发现，物体陷入流沙后，下陷速度要视物体本身的密度而定。流沙的密度一般是2克/毫升，而人的密度是1克/毫升。

在这样的密度下，人的身体沉没于流沙之中不会有灭顶之灾，往往会沉到腰部就停止了。

　　研究认为，陷入流沙的人一般都动不了。密度增加以后的沙子粘在掉进流沙里的人体下半部，对人体形成很大的压力，让人很难使出力来。即使是大力士也很难一下子就把受困者从流沙中拖出来。

　　经研究人员计算，如果以每秒钟0.01米的速度，拖出受困者的一只脚就需要约10万牛顿的力，大约和举起一部中型汽车的力量相等。所以，除非有吊车帮忙，否则很难一下子把掉进流沙的人拉出来。

　　研究还指出，照这种力量的计算，如果生拉硬扯，那么在流沙"放手"前，人的身体就已经被强大的力量扯断。此举所造成的危险远高于让他暂时停在流沙当中。

　　如果深陷流沙，最明智的做法是不要在流沙中挣扎。而是耐心而轻微地来回倒脚，使砂浆松散开来，不要紧紧地黏住流沙。如果撒哈拉大沙漠确实有骆驼被流沙吞没，肯定是骆驼拼命挣扎着要逃出来，结果被流沙完全淹没。

如何在流沙中进行自救

　　荷兰阿姆斯特丹大学的柏恩指出，逃脱流沙的方法是有的。那就是受困者要轻柔地移动两脚，让水和沙尽量渗入挤出来的真空区域，这样就能缓解受困者身体所受的压力，同时让沙子慢慢变得松散。

　　受困者还要努力让四肢尽量分开，因为只有身体接触沙子的表面积越大，得到的浮力就会越大。只要受困者有足够耐心，动作轻缓，就能慢慢地摆脱困境。

在流体力学中，流沙被归为膨胀性流体。也就是说剪力越大，流沙抵抗剪切运动的黏性也就越大。这是为什么要用吊车才能把人拉出来的原因。就是因为黏性增大，流沙阻碍人向上运动的力也就增大了。

延 伸 阅 读

土壤液化为一类地盘破坏的方式。土壤液化主要发生在砂质土壤为主，并且地下水位较高的区域。这些区域常分布一些充满地下水而饱和的疏松砂土，由于它们本身的结构较弱，很容易因为外力而发生土壤结构的改变。

黄土高原形成之谜

地理位置

我国黄土高原东起太行山脉，西至祁连山东麓的日月山，北抵长城，南达秦岭山脉，面积约40万平方千米，包括山西、陕西和宁夏的大部分地区，甘肃、青海和河南的一部分地区。

黄土厚度一般为80米至120米，最大厚度可达180米至220米。黄土多呈灰黄色、棕黄色和棕红色，抵抗侵蚀能力很弱。

黄土高原是怎样形成的

有的科学家认为是这一地区盛行的偏北风把新疆、宁夏、内蒙古乃至远在中亚沙漠中的大量粉沙刮到黄土高原地区堆积下来。因为黄土高原与黄土底部基岩成分不一样。

黄土高原下部地貌形态多样，起伏比较大，但上部沉积黄土厚度大体相近似，并有从东至西逐渐变薄的趋势，同黄土来源于西部的方向是一致的，这说明黄土是从别处过来的。

但有不少科学家发现，黄土层的底部有一个砾石层，而这浑圆的砾石层却是典型的河流沉积物。

他们认为，这些黄土的原籍在黄河的上源，是河流把黄土冲刷下来形成的。

还有一种观点认为黄土既不是风形成的，也不是水形成的，它是在原来的基础上风化形成的。

也有的科学家认为黄土高原既来自西北、中亚，由大风刮来，又有绵绵流动的河流携带而来，还有本地土生土长的基岩上风化的，是在这三种力的共同作用下形成的。

黄土的来源

中外学者对黄土的来源问题有过不同的争论，其中"风成说"认为，黄土来自北部和西北部的甘肃、宁夏和蒙古高原以至中亚等广大干旱沙漠区。

这些地区的岩石白天受热膨胀，夜晚冷却收缩，逐渐被风化成大小不等的石块、沙子和黏土。

这些地区每逢西北风盛行的冬春季节，狂风骤起，飞沙走石，粗大的石块残留在原地成为"戈壁"，较细的沙粒落在附近

地区，聚成片片沙漠，细小的粉沙和黏土纷纷向东南飞扬，当风力减弱或遇秦岭山地的阻拦便停积下来，经过几十万年的堆积就形成了浩瀚的黄土高原。

延 伸 阅 读

"黄土风成说"于1877年提出。认为黄土来源于大气粉尘降落。粉尘受到雨水、霜雪、生物活动等作用，发生次生碳酸盐化、碳酸盐与黏粒物质构成微团粒或集合体而成为黄土，并被搬运到沙漠外的地区堆积成黄土高原。

沧海变桑田

新疆曾经是海洋

在19亿年至18亿年以前，新疆只有一些岛屿小陆地，散落在浩渺的亚洲古老大洋之中。

经过19亿年至18亿年期间地壳运动的打造，这些岛状陆地逐渐拼合成较大的陆块，陆块经过反复隆升、沉降，沉积了以碳酸

盐岩为主，含有大量藻类生物的海相地层。

在9亿年至8亿年前时，再次拼合成两个更大的陆地"塔里木和伊犁"。8亿年前至5.7亿年前中，塔里木和伊犁出现了陆上冰川，后期又沉入水下成为浅海。

准噶尔盆地仍继续飘浮在古亚洲洋之中，开始它与阿尔泰和吐哈是连在一起的整块，与西伯利亚古陆之间有深水大洋相隔。

准噶尔火山运动

4.39亿年前，它仍和西伯利亚拼连在一块。4.09亿年至3.75亿年前，阿尔泰与准噶尔分离了，准噶尔几乎是一片火海。3.55亿年前至3.23亿年前地壳又张开，形成一个喷火大裂谷，将准噶尔和吐哈陆块分开。

古特提斯海只到达塔里

木周围和北疆东南部，古特提斯海主要分布在昆仑和喀喇昆仑，最北曾进入到塔里木盆地的库车地区。

在这数十亿年漫长的沧桑演变之中，经过多次反复形成了一些与海洋和地壳运动有关的重要矿产，如金、铁、石油、石膏、盐、玉石等。

沧海变桑田的原因

沧桑之变是发生在地球上的一种自然现象。因为地球内部的物质总在不停地运动着，因此会促使地壳发生变动，有时上升，有时下降。挨近大陆边缘的海水比较浅，如果地壳上升，海底便会露出而成为陆地。相反，海边的陆地下沉便会变为海洋。有时海底发生火山喷发或地震形成海底高原、山脉、火山，如果露出海面，也会成为陆地。

　　沧海桑田的主要原因是气候的变化。气温降低，由海洋蒸发出来的水在陆地上结成冰川，不能回到海中去，致使海水减少，浅海就变成陆地。相反，气温升高，大陆上的冰川融化成水流入海洋，会使海平面升高，又能使近海的陆地或低洼地区变成海洋。

延 伸 阅 读

　　据地质学家考证，7000万年以前，喜马拉雅山还是一片汪洋大海，到了3000万年前，由于造山运动，南方的印度洋板块与北方的欧亚大陆板块相互碰撞，交叠相挤，使喜马拉雅山不断抬高。到了300万年前，已上升到3500米，而近10万年以来，已上升为世界最高峰。

会狗叫的岛

考爱岛上的狗叫声

在夏威夷群岛中，有一个会狗叫的岛名为考爱岛。岛上有些地方，只要人一走动，脚下会传来"汪汪"的狗叫声。初到岛上的人往往会被吓得心惊肉跳。

在这个岛屿的海滨，有一片长800米，高18米的洁白沙丘。人走在沙丘上，沙子就会发出"汪汪"的狗叫声。用手搓沙子，也能发出同样的声音。如果在沙丘上迅速奔跑，还能听到打雷似的

声音。

考爱岛上的狗叫声是什么原因引起的呢？这些狗叫声是从何而来的呢？

原来这些地方的表层覆盖着厚达18米的珊瑚、贝壳层。狗叫声就是从这些沙粒里发出来的。

有人推测：由于沙丘底部有水，在沙丘和水之间的水蒸汽和空气，形成一种像共鸣箱一样的共振腔，因声音不断地反射和折射而产生共振，所以声音被放大，形成巨大的轰鸣声。

袖珍地质公园之称

考爱岛面积仅1430平方千米，却是个集万千地貌于一身的袖珍地质公园。太平洋上众多海岛各有各的奇景如峭壁鸟巢、喷水石孔、七彩岩层等都能在考爱岛上找到。考爱岛是夏威夷第四大岛。在岛的中部有海拔1600米的怀厄莱阿莱山拔地而起，横亘绵延，山顶上经常云雾缭绕，山峰若隐若现。

在多雨的气候下，岛上到处都是碧绿青翠、五彩缤纷的景观，加上无数条瀑布的点缀，这座岛犹如一个放大的山水盆景，素有"花园岛"之称。

由于不可多得的美景，考爱岛吸引了众多好莱坞的大牌制片人。当年飓风"伊尼基"袭击考爱岛时，斯皮尔伯格正在当地拍摄影片《侏罗纪公园》。

于是这位导演带着一名摄影师爬上了旅馆的屋顶，幸运地拍下狂风推动下的巨浪冲击防浪堤的珍贵镜头。

岛上风景秀丽

考爱岛上风光旖旎。驱车沿哈那佩佩溪谷缓缓而行，看到的将是一片田园风光。

雨后天晴，总可见到彩虹。有时一天里可见到五六次彩虹，甚至还可见到两条彩虹重叠的奇景。

岛上瓦埃莱尔山的东北坡，年平均降水量居世界之首，为11684毫米。然而奇怪的是，仅一条山岭之隔的西南面，年降雨量却只有460毫米。

在离鸣沙沙丘不远处，有一片由黑色熔岩形成的海滨。熔岩中有许多海浪侵蚀而成的小洞穴。

其中有一孔穴就像间歇泉一般，白色的水沫从中向天空喷出，每次喷出时都会发出像吹口哨一般的"嘘嘘"声，如同鲸鱼喷水一样。在数次较小的喷起之后，接着便会有一次大的喷出，水花高达20米，甚为壮观。

考爱岛的突出之处在于一系列与它那多姿多彩的景色相一致

的活动，从远足旅行到爬山，从划海豹皮艇到骑马。

它还骄傲地拥有夏威夷最棒的餐馆，但却不太协调地位于卡帕阿购物中心内。另外，这里的太平洋咖啡屋也可与美国大陆最好的餐馆媲美。

此外，传说中的小人国也为考爱岛平添神秘色彩。根据科学家的测定，早在2世纪时，考爱岛就已有人居住了。

夏威夷的一些老人说，他们的祖先在考爱岛的密林里看到过一种神秘小矮人。

这一类人种个子很矮，平均不到1.5米。根据当地的传说，考爱岛上曾住过100万名这种矮人，不过后来只剩下不到1万人了。据说，这些人是天生的建筑家，他们为夏威夷的建设做出了不少贡献。

夏威夷诸岛上的建筑以及拦河坝、蓄水池和庙宇等，都同他

们的辛勤劳动有关。

在夏威夷的一家博物馆里，保存着民间创作方面的代表人物费尔拿吉的手稿，里面就记载着这些矮人建造34座庙宇的详细情况。

令人奇怪的是，据当地老人说，这些神奇的建筑大军总在晚上工作，一旦白昼降临，便立即停止劳作，匆忙返回自己的家园。如今，这些小矮人早已消失，留给人们的只有神秘的传说和珍贵的建筑遗址。

延 伸 阅 读

考爱岛也译考艾岛。是美国夏威夷州考艾县的一座火山岛。在欧胡岛西北150千米处，夏威夷群岛最北端。这里植被茂盛，有"花园岛"之称。考爱岛出名后，已经为超过70部的好莱坞电影提供了充满异国情调的背景场面。

喜欢旅行的岛

会旅行的布维岛

在南半球的南极海域，有一个会旅行的岛叫布维岛。1739年，法国探险家布维第一个发现此岛，并测定了它的准确位置。谁知，过了80多年后，当挪威考察队登上该岛时，这个面积为58平方千米的海岛，位置竟西移了2500米。究竟是什么力量促使它旅行的，至今仍是个谜。

发现布维岛的历史

布维岛是由法国航海家巴蒂斯特·夏尔·布维于1739年发现

的。但是布维没有对该岛进行考察，因此无法判定其究竟是一个岛屿还是南极大陆的一部分。

1808年，布维岛第二次被人发现，发现者是恩德比公司捕鲸船"天鹅"号的船长林塞。

1822年12月，捕海豹船"黄蜂"号的船长本杰明·莫雷尔第一次登上该岛，捕猎海豹。

1825年12月10日，恩德比公司船东诺里斯船长将该岛命名为"利物浦岛"，并宣布其为英国领地。

1898年，德国探险家库恩再次抵达该岛，但因给养设备不足未上岛考察。

1927年，一个挪威考察队再次来到这里。他们在岛上居住了一个月，并将其命名为布维岛。

英国稍后放弃了对该岛的主权要求。第二次世界大战前及战争期间，布维岛附近海域成为挪威捕鲸船作业基地，人们在此捕获了大量南露脊鲸和抹香鲸。

1941年1月中旬，德国海军辅助巡洋舰"企鹅"号曾在布维岛海域掠获了11艘挪威捕鲸船和3艘鲸鱼加工船。

1971年，布维岛被挪威政府宣布为自然保护区，禁止人员常年居住。

1977年，挪威在岛上设立了一座自动气象站。

布维岛的地理位置

布维岛位于南大西洋南部，是地球上最后一处没有危险的真实物种入侵的地方。

自从1739年它被发现以来，布维岛的附近一直罕有人迹，很少有人敢冒险靠近这座罕见的小岛。

布维岛是一个孤立火山岛。距好望角约2560千米。东西长8000米，南北宽6400米，最高海拔945米。由黑色熔岩组成，覆有冰层，海岸陡峭。东部有冰川，北部长苔藓，并多鸟粪。

这座小岛的大部分被冰层所覆盖，其余耸立在海面上的陡峭悬崖。岛上有一块熔岩岩石，足够几只海鸟在上面筑巢。还有一

条由黑火山岩沙粒形成的稀薄海滩带，但是这里没有码头或者登陆地点。

布维岛全岛最高处为780米高的奥拉夫峰。沿海为冰崖和黑色火山岩。岛的东部在1955年至1958年露出了原生火山岩，有鸟类栖居。

1927年，布维岛变成挪威人的领土，1971年被宣布成为自然保护区。除了1977年在这里建设一座自动化气象站外，人类几乎没在上面留下任何足迹。

距离布维岛最近的陆地是位于它南部近1600千米的南极洲毛德皇后地。

距离它最近的有人居住的岛是距离它大约2260千米的特里斯坦—达库尼亚群岛。距离它最近的有人居住陆地，是位于它东北方向大约2580千米处的南非。

布维岛的93%被冰覆盖，它上面的冰川经常落入南冰洋。

　　这座小岛除了露出地面的小块岩层上生长着苔藓和地衣以外，几乎没有任何植被。

　　布维岛在1979年开始出名，当时一颗美国间谍卫星在该岛附近发现双闪灯光。尽管从没得到证实，但是很多人认为这些闪光说明是有某个国家可能正在这里进行一项核试验。

布维岛发展现状

　　目前，布维岛上的物种并不太多。布维岛与世隔绝的程度估计有140万年，意味着岛上的生物非常简单，它有2种地衣、3种欧龙牙草、49种苔藓、5种螨类和3种跳虫。

　　目前还没有人检查岛上是否有线虫类或节肢动物，但是岛上所有的生物都处于良好的生活状态中。

　　来这里的人越少，布维岛保持无外来物种入侵的时间也就越

长，其自然生态就保持得越好。当然，假设冰下没有外来物种惊扰，它永远都会保持现状。但这是不可能的，因为人类是不会让一个地方长期保持静止状态的。

延 伸 阅 读

塞布尔岛位于加拿大东南的大西洋中，同样会移动位置，而且移动得很快，仿佛有脚在走。由于海风日夜吹送，近200年来，小岛已经向东旅行了20000米，平均每年移动100米。

可怕的幽灵岛

发现幽灵岛

1707年，英国船长朱利叶斯在斯匹次培根群岛以北的地平线上发现了陆地，只是始终无法接近这块陆地。但值得肯定的是这块陆地不是光学错觉，于是船长便将"陆地"标在海图上。200年后，乘"叶尔玛克"号破冰船到北极考察的海军上将玛卡洛夫与他的考察队员们，再次发现了朱利叶斯当年所见到的那块陆地。

航海家沃尔斯列依在1925年经过该地区时，也发现过这个岛屿的轮廓。但科学家们在1928年前去考察的时候，却没有在此地区发现任何岛屿。

名称的来历

据史料记载，1890年，小岛高出海面49米，1898年时，它又沉没在水下7米。1967年12月，它再一次冒出海面。可是到了1968年，它又消失得无影无踪。就这样，这个岛多次出现，多次消失，变幻无常。1979年6月，该岛又从海上长出来。由于小岛像幽灵一样在海上时隐时现，所以人们把它称为"幽灵岛"。

它在爱琴海桑托林群岛、冰岛、阿留申群岛、汤加海沟附近海域曾多次被发现过。它是海底火山耍的把戏：火山喷发，大量熔岩堆积，火山停止活动后便成岛屿；一段时间后，岛屿下沉、剥蚀，隐没在海面下。

科学家的解释

法国科学家对这类来去匆匆的幽灵岛的成因作了如下解释：由于撒哈拉沙漠之下有巨大的暗河流入大洋，巨量沙土在海底迅速堆积增高，直至升出海面，因此临时的沙岛便这样形成了。然而，暗河水会出现越堵越汹涌的情况，并会冲击沙岛，使之迅速被冲垮，并最终被水流推到大洋的远处。

另有学者认为，这不过是聚集在浅滩和暗礁的积冰，还有人推测这些幽灵岛由古生的冰构成，后来最终被大海所消灭。多数地质学家则认为是海底火山喷发的作用形成此类小岛。他们认为，在海洋的底部有许多活火山，当这些火山喷发时，喷出来的熔岩和碎屑物质在海底冷却、堆积、凝固起来；随着喷发物质的不断增多，堆积物多得高出海平面的时候，新的岛屿便形成了。

有的学者认为，小岛的消失是因为火山岩浆在喷出熔岩后，基底与海底基岩的连接不够坚固，在海流的不断冲刷下，新岛屿自根部折断，最后消失了。

有的学者认为，可能在海底又发生了一次猛烈的爆炸，使形成不久的岛屿被摧毁。还有学者认为，是火山活动引起地壳在同一地点下沉，使小岛最终陷落。

死神岛

在距北美洲北半部加拿大东部的哈利法克斯约几百米的北大西洋上，还有一座与幽灵岛相似的小岛，名叫赛布岛。"赛布岛"一词在法语中的意思是"沙"，意即沙岛，这个名称最初是由法国船员们给它取的。

据地质史学家们考证，几千年来，由于巨大海浪的冲击，使这个小岛的面积和位置不断发生变化。最初它是由沙质沉积物堆积而成的一座长120千米、宽16千米的沙洲。而在最近200年中，该岛已向东迁移了2000米，长度也减少了将近大半。现在岛长只有40000米，宽度却不到2000米，外形像一个细长的月牙。全岛十分荒凉可怕，没有高大的树木，只有一些沙滩小草和矮小的灌木。

死神岛的可怕

历史上有很多船舶在此岛附近的海域遇难。近几年来，船只沉没的事件又经常发生。

从一些国家绘制的海图上可以看出，此岛的四周，尤其此岛的东西端密布着各种沉船符号，估计先后遇难的船舶不下于500艘。其中有古代的帆船，也有现代的轮船，丧生者总计在5000人以上。因此，一些船员对此岛非常恐惧。

科学家们的假设

死神岛给船员们带来的巨大灾难，激发科学家们努力探索它的奥秘。为了找到船舶沉没的原因，不少学者提出了种种假设和推断。有的认为，由于死神岛附近海域常常出现威力无比的巨浪，能够击沉毫无防备的船舶。有的认为，死神岛的磁场不同于

其邻近海面，是变幻无常的，会使航行在死神岛附近海域的船舶上的寻航罗盘等仪器失灵，从而导致船舶失事沉没。

关于死神岛之谜仍需要今后继续深入探索和研究。

延 伸 阅 读

很多学者认为，由于死神岛的位置经常移动，而它的转移也在不断变化。岛的附近大都是大片流沙和浅滩，许多地方水深只有2米至4米，加上气候恶劣，常常出现风暴。因此，船舶很容易在这里搁浅沉没。

恐怖的火炬岛

不听忠告的人们

在加拿大北部地区的帕尔斯奇湖北边，有一个面积仅一平方千米的圆形小岛，当地人称这一小巧玲珑的岛屿为普罗米修斯的火炬，简称"火炬岛"。

据说，早在17世纪50年代，有几个荷兰人来到帕尔斯奇湖。当地人再三叮嘱他们：千万不要去火炬岛，否则人会自燃。有位叫马斯连斯的荷兰人觉得当地居民是在吓唬他们。他认为，帕尔斯奇湖处在北极圈内，即使想在岛上点上一堆火，恐怕也要费些周折，更不用说是使人自燃了。

因此，马斯连斯对这一忠告没有理睬，固执地邀了几个同伴向火炬岛进发，希望找到所谓的印第安人埋藏的宝物。可是，他们一行来到小岛边时，当地人的忠告让马斯连斯的几个同伴胆怯起来，都不敢再前进半步。只有马斯连斯一人继续奋力向前划去。

同伴们远远地目送着马斯连斯的木筏慢慢接近小岛，心里都很担心，默默为他祷告。时隔不久，他们突然看到一个火人从岛上飞奔过来，一下子跃进湖里。那不正是马斯连斯吗？只见水中的马斯连斯还在继续燃烧。他们立即冲了上去，但谁也不敢跳下去救他，只能眼睁睁地看着他在痛苦中挣扎。

对火炬岛进行调查

1974年，加拿大普森量理工大学的伊尔福德组织了一个考察组，在火炬岛附近进行调查。通过细致的分析，伊尔福德认为，火炬岛上的人体自燃之谜是一种电学或光学现象。

这一观点遭到考察组的另一位专家哈皮瓦利教授的反对，既

然如此，小岛上为什么会生长着青葱的树木？并且，在探测中还发现有飞禽走兽。哈皮瓦利认为，可能是岛上某些地段存在某种易燃物质。当人进入该地段后便会着火燃烧。

正因为他们都认为这种自燃现象是由某种外部因素引起的，所以他们都穿上了用特别的绝缘耐高温材料做成的服装来到了火炬岛上。

在岛上他们并没有发现什么怪异的地方。然而，就在两个小时的考察即将结束时，考察组成员莱克夫人突然说她心里发热，一会儿又说腹部发烧。听她这么一说全组的人都有几分惊慌。伊尔福德立即叫大家迅速从原路撤回。

队伍刚刚往后撤，走在最前面的莱克夫人忽然惊叫起来。人们循声望去，只见阵阵烟雾从莱克夫人的口鼻中喷出来，接着闻到一股烧焦的肉味。

待焚烧结束后，那套耐火服装完好无损，而莱克夫人的躯体已化为焦炭。此后，美丽的小岛又披上了一层更恐惧的面纱，让

好奇的人们望而却步。

此后，从1974年至1982年，相继有6个考察队前往火炬岛，但无一例外的都是无功而返，而且每次都有人丧生。

于是，当地政府不得不下令禁止任何人以科学考察的名义进入火炬岛。

如今，火炬岛已是人迹罕至了。然而，它仍旧静静地坐落在帕尔斯奇湖畔，似有意等待着人们去揭开笼罩在它身上的神秘面纱，这奇特的自燃之谜到底因何而起？

延伸阅读

加拿大物理学院的布鲁斯特教授认为：这是典型的人体自燃事件，与外界条件毫无关系。它只不过是人体内部构造产生的，与人的生活习惯有关。但他的观点没有得到其他科学家的认同。